LETTRE
D'UN JEUNE HOMME
AU PERE
DE SES ANCIENS ELEVES.
Sur la Nature des différens Êtres

LETTRE
D'UN JEUNE HOMME
AU PERE
DE SES ANCIENS ÉLEVES
Sur la Nature des différens Êtres.

Paris, 27 Juin 1789.

MONSIEUR,

LA Botanique fait maintenant partie de mes occupations. Je peux, tous les jours, profiter des leçons qu'on en donne chaque année, pendant trois ou quatre mois, au jardin des plantes. L'étude en est des plus intéressantes, des plus utiles et des plus agréables; elle convient également à l'un et à l'autre sexe : aussi voit-on nombre de dames venir de grand matin (à 7 heures) à l'amphithéâtre, écrire sous la dictée du professeur de Botanique (M. Desfontaine). Dès qu'elle est finie, tout le monde se transporte avec lui sur les lieux où il explique, d'une maniere savante et facile, les caractéres, les différences et les propriétés de chaque espèce de plantes.

Tous les mercredis de chaque semaine, nous partons pour la campagne, ayant à notre tête M. de Jussieu, neveu de celui qui a classé les plantes du jardin royal. Il rédige à présent un ouvrage qu'a laissé son oncle, sur la Botanique; il va paroître dans quelques jours : ce sera tout ce que nous aurons eu jusqu'ici de meilleur en ce genre.

M. de Jussieu est très-instruit et fort habile, plein en même tems de douceur, d'honnêteté et de complaisance; il se fait un vrai plaisir, lorsqu'on vient lui demander le nom de quelque plante, non-seulement de le dire, mais encore de faire connoître les différentes propriétés de la plante.

Nous marchons quelquefois plus de

deux cens à sa suite. C'est vraiment un fort joli spectacle, sur-tout vu de loin. Tantôt nous sommes à grimper en peloton quelque coline escarpée, souvent recouverte de ronces et d'épines, tantôt on nous voit nous étendre et nous disperser dans quelque plaine riante et fleurie, tantôt c'est un bois, une forêt qui s'offre à notre vue: semblables alors à des voyageurs qu'un soleil trop ardent consume et accable, et qui apperçoivent au loin quelques arbres touffus et élevés, nous tendons à pas précipités vers ce sombre et doux asyle. J'y vois arriver des personnes de tout âge et de tout sexe, le précepteur avec son élève, ou plutôt *l'ami avec son ami* (car qu'on efface à jamais ce nom, ce titre autrefois honorable, et qu'on l'oublie; puisque la perversité des hommes y a sottement attaché une idée vile et basse); le vieillard qui vient d'un pas chancelant et appuyé sur un bâton, jouir de la fraîcheur des bois, goûter les douceurs de la campagne, se pénétrer et se remplir de mille sentimens délicieux à la vue des beautés de la nature, et faire en même tems le dénombrement et la revue des plantes qu'il a comptées jadis dans des jours plus heureux encore et plus fortunés ; la jeune fille accompagnée de son père ou de sa mère qui se plaît à l'instruire et l'élever, en lui faisant respirer un air libre, et en écartant de sa vue *les prisons qui renferment ses compagnes.*

Arrivés dans la forêt, nous continuons d'herboriser, et ensuite nous allons avec notre chef dans quelque auberge du voisinage y prendre de la nourriture, et puis nous revenons à Paris du même jour, si nous n'en sommes pas trop éloignés. Mercredi prochain nous irons coucher à sept lieues de cette ville, et notre herborisation durera deux ou trois jours.

Que le spectacle de la nature est beau ! qu'il est intéressant, sur-tout, aux yeux d'un philosophe ! La vue des productions enchanteresses de cette mère puissante et féconde me délecte et m'enivre : c'est alors que tout transporté hors de moi-même, je m'écrie : qui a donc fait ce que je vois, et qui m'étonne, tant de beautés, tant de merveilles, tant de choses différentes? Quelle variété! comme tout va par nuances insensibles! comme tout est rempli! Il semble que tout ce qui peut exister, existe, et que la création est épuisée.

Qu'est-ce que c'est donc que cette Nature, cette mère de tous les êtres? Plus je la contemple, plus j'y réfléchis, et moins je la conçois : est-elle elle-même son ouvrage, ou tout ce qui existe; ou en diffère-t-elle? je n'en sais rien. Dans le premier cas, tout est éternel, et par conséquent tout est Dieu. Dans le second, mon étonnement redouble : *Créatrice*, je la vois produire ce qui n'est pas.

Je me vois donc obligé de fermer les yeux sur le principe des choses, et de ne m'occuper plus que des choses elles-mêmes, de ces choses que je vois, que je sens, que je touche, qui tombent en un mot sous mes sens : hors delà, tout n'est pour moi qu'incertitude. Plein de curiosité, je demandois, encore enfant, ce que c'étoit que ce soleil, cette lune, ces étoiles que j'appercevois se mouvoir sur ma tête; cette terre qui me paroissoit immobile et que je voulois toujours parcourir; et c'étoit à des vieillards que s'adressoient mes demandes, et à des vieillards qui n'avoient su, toute leur vie, que labourer un champ.

Dans un âge plus mûr et plus avancé, la réflexion et la lecture m'ont un peu plus satisfait. La sphère de mes connoissances s'est accrue peu-à-peu. J'ai jetté un coup-d'œil général sur toute la Nature; et je l'ai vue par-tout vivante, par-tout animée, donner des signes de vie, même jusques dans les entrailles, dans le sein de la terre: de sorte que je serois fort porté à croire que, non-seulement ce qui prend une forme régulière dans son accroissement, mais encore tout ce qui existe, *sent son existence.*

Je l'ai vue, cette Nature, perpétuellement en guerre avec elle-même, et se détruire sans cesse pour se renouveller sans cesse. Il n'est aucune espèce d'être qui n'aie son ennemi, et les individus même d'une espèce se déchirent quand il y va de leur interêt, parce que tout tend à sa conservation et à son bonheur. Il paroît que telle a été l'intention de la Nature, puisqu'elle a donné à chaque espèce, à chaque individu des armes pour la défense et pour l'attaque, et que les espèces se servent de nourriture les unes aux autres.

J'ai vu que tout avoit son langage ; que les êtres qui se ressemblent le plus par la forme, par les mœurs et les inclinations, s'entendoient et se comprenoient, soit par des cris, soit par des signes, et que leurs discours, pour ainsi dire, n'étoient jamais plus énergiques que dans le tems de l'amour. C'est alors que tout tend à se réunir et à déployer toute sa force ; c'est alors que toutes les espèces se livrent à elles-mêmes d'affreux combats, et que toutes brûlantes, elles volent à la mort pour se reproduire.

J'ai remarqué encore qu'une seule d'entre toutes les espèces, douée de beaucoup d'instinct, étoit parvenue à se civiliser ; et par sa force et son intelligence, à dominer sur un très-grand nombre, et à tyranniser presque tout le globe. Cruellement avide, elle s'enfonce jusques même dans les plus profonds abîmes des eaux, pour y porter la mort à des êtres qui ne lui font aucun mal, et qui n'ont déjà que trop d'ennemis. Réunie en société, elle se sent de la force et du courage; alors elle disperse tout et empêche que rien ne puisse se livrer entièrement à son instinct, et par conséquent que les autres espèces puissent se perfectionner et produire, comme elle, des choses étonnantes.

D'après ce coup-d'œil général, j'en suis venu à la considération, à l'examen de chaque être en particulier: c'est-à-dire, d'un ou de deux individus de chaque espèce, afin de mieux connoître le tout.

J'ai assisté, pour ainsi dire, à la naissance d'un chacun; j'ai été attentif à son développement, à ses progrès, à son état en quelque sorte stationnaire, pendant lequel je le voyois travailler à produire son semblable, ensuite à son dépérissement et enfin à sa mort. Je ne parle point des maladies qu'il a éprouvées dans ses différens changemens, ni de ses convalescences.

Je n'ai pas peu été surpris, lorsque j'ai remarqué dans un végétal quelconque des vaisseaux, des trachées, une circulation d'humeur comme dans les animaux. Je l'ai examiné, je l'ai considéré, ce végétal, non sans le plus grand étonnement, dans les parties riantes, tant mâles que femelles de la génération, dans leur accouplement pour ainsi dire : rien n'est plus admirable. Oh ! que de choses j'ai vu encore dans cet être, qui annonçoient en lui un principe de vie semblable à celui qui nous anime ! Est-ce parce qu'il seroit attaché à la terre, ou qu'il n'auroit pas une forme, un extérieur à-peu-près ressemblant à celui des animaux, qu'il seroit dépourvu du sentiment : est-il donc nécessaire pour en être doué, pour sentir qu'on existe, de marcher ou de ramper sur le globe, de fendre l'air et les ondes ?

Au reste, qu'on pénètre dans l'intérieur de la terre, et qu'on voye comme les racines d'un végétal se dispersent et s'étendent de tous les côtés, se retournent et détournent pour chercher et choisir la nourriture qui lui convient. Qu'on l'examine aussi à l'extérieur, ce végétal, et que l'on soit attentif à ses différens mouvemens? on n'appercevra point, sans admiration, que quand on touche les feuilles de la sensitive, par exemple, elles se flétrissent aussi-tôt, et que quelques momens après qu'on les a quittées elles reprennent leur première vigueur. Lorsque le soleil se couche, la plante se flétrit tellement, qu'elle semble se dessécher comme si elle étoit morte; mais au retour du soleil, elle reprend son état naturel, et plus le soleil ou le jour est beau, et plus elle semble reverdir. L'arrivée subite d'un gros nuage la fait tomber dans un état de récueillement que certains Botanistes ont regardé comme une espèce de sommeil. C'est ainsi que s'exprime, sur cette plante, M. de Bomare, et aussi ce que j'ai vu moi-même, non sans admiration.

Que dirons-nous de celles qui, garnies de vrilles, s'entortillent, par leur moyen, au tour des arbrisseaux ou de quelques corps voisins, en tournant les unes constamment de droite à gauche ou en sens contraire du mouvement du soleil, et les autres de gauche à droite ou selon le mouvement du soleil; de sorte que si un jardinier mal-habile leur fait prendre des directions opposées, elles périssent.

Je passerai sous silence ce que j'ai vu de l'épanouissement des fleurs à différens points du jour.... Mais oublierai-je qu'on a dans le règne végétal comme dans le règne animal, des métis, pour ainsi dire, en croisant les espèces? Ne produit-on pas, par la culture, cette variété infinie de couleurs, l'incarnat, le jaune, le cramoisi, le panaché, etc. qu'on remarque dans les roses, même dans celles qui sont sur un seul pied? Je ne finirois pas si je voulois rapporter tout ce que j'ai vu d'analogue dans l'un et l'autre règne.

Je crois donc, non sans quelque vraisemblance, comme vous le voyez, qu'en abattant une forêt, en fauchant une prairie, on fait souffrir autant la nature qu'en renversant une armée.

Qu'on ne fasse donc, dès ce jour, tout au plus que deux règnes: le règne animal, qui comprendra le végétal, et le règne minéral. Je me tais à présent sur ce dernier règne, ne l'ayant pas encore suffisamment étudié, quoique j'aie déjà vu que la Nature ne travaille pas avec moins d'art et de régularité les minéraux, le diamant, le crystal de roche, par exemple, que les végétaux et les animaux ou simplement les animaux. M. Daubenton, cet illustre, ce savant, cet ingénieux Naturaliste, me sera, sur cela, d'un secours infini par ses leçons claires et lumineuses qu'il donne sur tous les règnes au Collège royal.

Quelqu'un dira: mais à quoi bon se livrer entièrement à l'étude de la Nature, et en faire, pour ainsi dire, sa profession? Je dirai à mon tour que cette étude a fait plus pour le bonheur de l'homme que celle des lois et de la religion: c'est elle qui lui a donné le pain qu'il mange, les vêtemens qui le recouvrent, l'asyle qui le défend. Le bled, le chanvre, le lin n'étoient d'abord que des plantes sauvages qu'on a perfectionnées par la culture; le ver-à-soie n'étoit, comme bien d'autres, qu'un insecte qui premièrement rampoit sur la terre, et ensuite devenu papillon, voltigeoit dans les airs ou de fleur en fleur, après avoir passé dans un état brillant de mort et de léthargie; le castor ne lui a-t-il pas montré comment, au lieu de cabane, il devoit construire une maison.

Cette étude a donné naissance à une infinité d'arts utiles et même nécessaires: l'industrieuse araignée ne lui a-t-elle pas appris à ourdir la toile. . . . .

. . . . , ...

Le premier livre que l'on doit mettre entre les mains d'un enfant, et le seul qui soit alors à sa portée, est celui de la Nature: c'est sur-tout pour la jeunesse qu'il est ouvert: tout y est facile jusqu'à un certain point; tout y est sensible; tout y est brillant et plein d'attraits; tout y est instructif: c'est là, et c'est uniquement dans ce livre que s'apprend la véritable philosophie: on y dérobe, pour ainsi dire, les secrets de la Divinité; on y devient presque son émule. Eh! si mon ame ne doit point subsister dans les siecles à venir, dans des siècles sans fin, où elle pourroit, plus libre et plus éclairée, connoître mieux ce qu'à présent nous ne voyons pas assez, qu'au moins je me dédommage, en scrutant, pendant que j'existe, dans les profondeurs de la Nature, et en les mettant, pour ainsi dire, au jour, afin de m'en repaître la vue.

Que je voudrois voir en ce moment, *mon cher et bon Prosper, et l'aimable et la divine Polixène, cette raison précoce*, au milieu du jardin ou du cabinet du Roi! je serois aussitôt accablé de mille questions (les questions sont ordinairement filles de l'ignorance; mais elles vont si bien, elles sient si bien à la bouche d'une jeune personne!) il n'est cependant pas nécessaire, quoiqu'il soit très-utile, d'avoir rassemblé devant soi, pour ainsi dire, toute la *création*, afin d'être instruit de tout ce qui la compose. Que l'instituteur parte avec son élève du point où il se trouve, et qu'il lui dise ce que c'est que cette terre qu'il foule aux pieds: ce qui est au-delà de l'endroit où la terre paroît finir et le ciel commencer. De là la *Géographie* qu'il lui apprendra sans livres et à la seule inspection de la carte. Qu'il lui dise, après cela, ce qui peuple et recouvre les lieux dont il vient d'apprendre les noms ; et même ce qui est caché sous ces lieux. Delà *l'Histoire des trois Règnes de la Nature.* Que le jeune homme se relève ensuite, et qu'il considère ces globes, ces points lumineux qui roulent en pétillant sur sa tête, et qu'il en sache quelque chose. Delà *un précis d'Astronomie.* Que l'instituteur en revienne d'où il est parti, et qu'il apprenne à son élève ce que c'est que l'homme, à quoi il est destiné, ce qu'il a fait et ce qu'il fait encore. Qu'il l'instruise sur les différens états qui partagent la société. Delà *l'Histoire sacrée et profane.* Qu'il ne néglige pas alors de lui enseigner quelques-uns des moyens dont les hommes autrefois se sont servis pour exprimer leurs pensées (je veux parler des langues mortes), qu'il choisisse sur-tout la plus riche, celle en laquelle on aura laissé le plus d'ouvrages : par-là son élève perfectionnera la sienne, et se mettra en état de puiser, pour son instruction, dans des sources fécondes. (J'aurois, sur chacun de ces articles, beaucoup de réflexions à faire, et bien des avis à donner, mais ceci m'éloigneroit de mon de mon but et me conduiroit trop loin; de sorte que je ne ferois plus une lettre). Voilà en général la marche qu'il doit lui faire tenir jusqu'à la classe qu'on appelle *humanités*; marche qui est on ne peut pas plus simple et plus naturelle.

Pour en revenir à l'étude de la Nature, ce n'étoit pas sans quelque complaisance que je voyois mes élèves y prendre goût; il suffisoit très-souvent, pour les engager à faire une chose, de leur promettre quelques jolis morceaux d'histoire naturelle dans M. de Buffon, ou dans quelqu'autre livre semblable.

Combien de fois ne sommes-nous pas allé, Prosper et moi, dans le tems de nos récréations, quoique ce fût un peu loin, mais j'y étois forcé, voir à la campagne une abeille maçone, construire savamment et en diligence ses admirables cellules. Oh! qu'il étoit enchanté d'assister à son laboratoire ! Nous y allâmes, entr'autre, un jour de dimanche; *et il fut fort surpris de la voir travailler ce jour-là.*

Si l'étude de la Nature avoit quelque chose de répréhensible et de blâmable, ce seroit pour avoir contribué plus que tout autre chose, et pour contribuer encore autant que jamais à nous éloigner de l'état de Nature. Il n'est point nécessaire de savoir parler pour commencer à être observateur : un singe imite ce qu'il voit faire.

L'espèce humaine, en se civilisant, a fait peut-être son malheur : elle a appris, non-seulement à faire la guerre avec beaucoup de succès, d'industrie et de cruauté aux autres êtres, mais encore à se la faire impitoyablement à elle-même et en tout tems.

Que j'aime à contempler la vie paisible d'un sauvage, sur-tout *quand il a dîné*! c'est alors qu'il est dans le repos le plus profond, dans la paix la plus grande avec toute la Nature; mais nous ne pouvons plus retourner dans les bois.

Que chacun donc travaille au bonheur

de ses semblables, l'un en méditant dans le secret du cabinet une sage constitution, en faisant de bonnes lois; un autre, en ordonnant qu'on les exécute, qu'on les mette en pratique; celui-ci, en terminant les rixes de deux voisins et en les raccomodant; celui-là, en faisant, dans un discours simple et touchant, espérer à un pauvre infortuné un avenir plus heureux et plus tranquile; un autre, né robuste et vigoureux au milieu des campagnes, en sillonant la terre et lui faisant éclore une nourriture qui le substante; un autre enfin, en s'addonnant aux sciences, arts et métiers qui peuvent augmenter son bonheur et celui de tous.

Que l'homme ne soit plus si cruel, ni envers lui-même, ni envers les autres animaux, parce qu'ils ressentent la peine et éprouvent de la douleur comme lui. Ce n'est pas sans quelque plaisir, dussé-je le dire à ma honte, que je vois un prince porter un arrêt terrible contre son espèce en faveur de ces pauvres bêtes, quoique son motif ne soit point non plus louable.

Je me réjouis même lorsque je vois, sous un beau ciel, une verdoyante prairie, une jeune moisson, une vaste forêt étaler en liberté et sans contrainte, tous leurs brillans, toute leur richesse, toute leur majesté. Le jardinier qui les soigne n'est point un tyran.

Qu'on m'appelle donc l'*Ami de tous les êtres*, et on n'aura pas tort.

J'ai l'honneur d'être avec le plus profond respect et la plus vive reconnoissance,

MONSIEUR,

Votre très-humble
et très-obéissant
serviteur,

FEVRE du GRANDVAUX.

On promet, dans ce genre, quelque chose de plus étendu : cette lettre n'en n'est même qu'un esquisse. Si le Public l'agrée, ce sera, pour le jeune Auteur, un heureux augure et un grand encouragement.

FIN.

www.ingramcontent.com/pod-product-compliance
Ingram Content Group UK Ltd.
Pitfield, Milton Keynes, MK11 3LW, UK
UKHW022154260726
13993UKWH00005B/2372

9 782329 420493